SUJETS DIVERS D'HORTICULTURE,

Par M. Puvis,

ANCIEN OFFICIER D'ARTILLERIE, ANCIEN DÉPUTÉ, PRÉSIDENT DE LA SOCIÉTÉ ROYALE D'ÉMULATION DE L'AIN, CORRESPONDANT DE L'INSTITUT ET DES SOCIÉTÉS AGRAIRES DE TURIN, GENÈVE, PARIS, LYON, ETC., DES ACADÉMIES DE DIJON ET DE MACON.

Idoneus Patriæ, utilis agris.

PARIS,
CHEZ Mme HUZARD, LIBRAIRE,
Rue de l'Éperon, 7;
ET AU BUREAU DE LA MAISON RUSTIQUE,
Quai Malaquais, 19.

BOURG-EN-BRESSE, IMPRIMERIE DE MILLIET-BOTTIER.

1844.

SUJETS DIVERS

D'HORTICULTURE.

Son importance en France, — de l'état de l'horticulture sur le littoral de la Méditerranée et dans le bassin de la Loire. — De la multiplication des variétés de toute espèce par les semis. — De la culture des melons et des ananas sur des couches de feuilles. — De la greffe du rosier. — Hortensias bleus. — Marcottes chinoises. — Transplantations.

Dans le courant de l'année qui vient de s'écouler, nous avons parcouru d'assez grandes étendues de pays. Nous avons visité le littoral oriental de la Méditerranée et séjourné deux mois à Nice. Nous avons ensuite parcouru le bassin de la Loire jusqu'à Nantes; et nous avons consigné ailleurs nos remarques agricoles : mais la culture des jardins, en faisant nos excursions, nous a aussi beaucoup occupé. Il peut n'être pas sans intérêt de faire connaître les principales remarques que nous avons faites. Nous y joindrons des observations de pratique et de théorie, sur quelques sujets, de l'intérêt horticole le plus actuel : sur les semis des végétaux des diverses familles, et leurs résultats appliqués surtout aux vignes; sur la culture des melons, sur celle des rosiers, sur les marcottes chinoises, etc. En nous occupant de ces divers objets, nous avons été frappé de l'importance et de l'étendue de la culture des jardins, culture qui donne le produit du sol le plus élevé, et qui offre une immense variété de production.

Dévoué par goût à l'ensemble et aux détails de la culture du sol, nous avons toujours suivi avec le plus vif intérêt l'étude de l'horticulture qui, après tout, n'est qu'une agriculture perfectionnée.

§ I.

Importance de la culture des jardins en France.

La culture des jardins est une branche agricole de la plus haute importance; elle fournit à toute la population l'immense variété de fruits de toute espèce et de toute saison, la grande masse de légumes verts et de légumes secs qui, consommés en tiges, en feuilles, en racines et en fruits, pendant toutes les saisons, fournissent à la ville comme à la campagne la table du riche, et plus ou moins celle du pauvre. Elle produit ces fruits qui, pendant six mois de l'année, donnent un supplément de nourriture aussi sain qu'agréable. Les fleurs si belles, si variées, qui lui sont dues, présentent à tous le spectacle le plus gracieux (1). Leur culture offre un délassement du plus haut intérêt à la classe aisée, repose l'homme occupé, remplit les loisirs d'un grand nombre, inspire le goût de l'étude de la nature, et devient, pour tous ceux qui s'y adonnent, une passion féconde en émotions douces et qui n'inspire que des idées de bienveillance générale et surtout de gratitude pour le Suprême-Auteur de toutes choses.

La culture des jardins s'exerce sur de bien grandes étendues. Chaque maison à la campagne, petite ou grande, riche ou pauvre, veut avoir et a presque tou-

(1) Elles charment les regards de tous les âges, de toutes les positions; elles ornent le petit jardin du pauvre comme le grand jardin de l'homme riche.

jours son jardin qui grandit en raison de l'aisance. On compterait ainsi plusieurs millions de jardins de diverses étendues.

Mais c'est surtout autour des villes que les jardins couvrent de grands espaces, pour fournir aux besoins de toutes les saisons et de tous les jours de chaque ménage qui les habite. Les documens statistiques officiels de 1840 portent à un million d'hectares l'étendue des jardins et vergers. Mais dans ces jardins et vergers sont comprises les plantations d'arbres à cidre, les vergers rustiques de châtaigniers, noyers, dont nous exagérons peut-être l'étendue en la portant à 100 mille hectares. Si nous retranchons ces 100 mille hectares, ainsi que 300 mille autres, pour représenter les jardins négligés, ceux des chaumières et des petites maisons rurales, dont le produit est sans doute important pour le consommateur, mais reste souvent faible par défaut de soins et d'engrais, il nous restera 600 mille hectares d'un grand produit.

Il s'agirait maintenant d'apprécier le produit brut de cette culture. Pour cela, nous rappellerons, comme produit extrême, celui des jardins des hortillons d'Amiens, qui, d'après les détails que nous avons donnés ailleurs, d'après M. Héricart de Thury, s'élèveraient en moyenne à 8,000 fr. de produit brut par hectare. Il est résulté des recherches faites sur la culture des jardins des environs de Londres qu'on pourrait porter leur produit brut annuel à 3 ou 4,000 fr. par hectare. Les jardins légumiers et fruitiers des environs de Paris produisent les 2/3 au moins de cette somme. Ceux d'Aubervilliers, qui se cultivent en grand et avec moins de travaux et de main-d'œuvre, qui ne produisent que de gros légumes, dont chaque famille cultive 15, 20 hectares, qui ne reçoivent d'arrosement que le jour de la plantation légumière, qui ne se fument que tous les quatre ans, qui se travaillent à la charrue, sont loués de 3 à 400 fr. l'hectare, et leur produit brut s'élève au moins à trois ou 4 fois cette somme.

Les terrains occupés par les semis de toute variété, par les pépinières, par les moyens de multiplication de toutes les espèces, exigeant beaucoup de soins et de main-d'œuvre, doivent donner un produit brut considérable.

Les jardins de primeurs, en raison des dépenses et des soins, doivent le donner encore plus élevé.

Les jardins fleuristes, avec leurs plantes rares, leurs serres chaudes, leurs serres tempérées, doivent beaucoup produire pour n'être pas ruineux.

D'après ces considérations, ne serons-nous pas trop au-dessous du vrai si nous estimons à 1,000 fr. en moyenne le produit brut de l'hectare en jardins de toute espèce, légumier, fruitier, de primeur ou fleuriste. Nous arriverions ainsi à l'énorme produit de 600 millions pour les 600 mille hectares des vergers et jardins les plus productifs. Il semblerait, d'après la modération de nos calculs et les réductions que nous avons faites, que si ce produit est exagéré, il ne pourrait l'être que s'il y avait erreur dans les documens statistiques rectifiés; mais ces documens nous semblent mériter toute croyance, parce qu'on a puisé leurs chiffres dans le cadastre désormais achevé, et qu'on n'accuse pas de renfermer d'erreurs de contenue.

Si nous voulons maintenant apprécier la population qui cultive cette étendue, nous remarquerons qu'il faut en moyenne une famille pour la culture d'un hectare.

Nos jardins, sans compter ceux qui ne sont qu'un petit accessoire de la maison rurale, fourniraient donc le travail et la vie à 600 mille familles, disons 500 mille; ou 2 millions 500 mille individus. Et cette population est sans aucune comparaison, parmi toutes les classes ouvrières qui travaillent pour la ville, la plus laborieuse, la plus tranquille, la plus morale, et par conséquent la plus aisée. Ce qui tend à conserver cet état de choses, c'est que presque partout les hommes laissent aux femmes tous les rapports avec la ville, et évitent par là toute perte de temps et toute tentation de dérangement. Les femmes passent souvent une partie des nuits à s'acheminer au marché, se hâtent de vendre leur cargaison, et retournent rejoindre le toit de la famille, en se contentant du morceau de pain de ménage qu'elles ont apporté avec elles. Il n'en est pas de même lorsque les hommes sont chargés du voyage; ils ne sauraient s'astreindre à cette modération, à cette frugalité.

Il n'est donc aucune culture spéciale, à l'exception de celle des vignes, qui occupe une aussi grande partie de la population. Le produit brut des jardins est plus considérable que celui des vignes, de 40 millions d'hectolitres, qui en moyenne ne peut guère s'évaluer au-dessus de 500 millions. Les vignes cependant occupent 5 millions de population, ou un million de familles, comme les jardins peuvent en occuper 2 millions 500 mille. Mais ces 5 millions de vignerons emploient la plupart aussi une partie de leur temps à d'autres cultures, auxquelles ils demandent une portion du moins de la nourriture de leur famille, tandis que les jardiniers, hommes, femmes et enfans, dépensent toutes leurs journées, et souvent une partie des nuits, à la culture, au transport et à la vente de leurs produits.

Ainsi donc, si le produit brut des jardins est de plus d'un cinquième en sus de celui des vignes, c'est que les jardiniers s'en occupent exclusivement, et qu'ils sont obligés à beaucoup plus de main-d'œuvre et d'avances de fumiers de toute espèce qu'il faut bien qu'ils retrouvent.

Il résulte donc des détails qui précèdent que la culture des jardins mérite toute espèce d'encouragement. Aussi, dans nos fréquens voyages, elle est pour nous un sujet sérieux d'observations multipliées, et lorsque nous sommes en repos, nous y trouvons une distraction pleine d'intérêt. Cette année, dans un voyage au midi de la France et un séjour à Nice, nous avons fait quelques observations qui nous ont semblé bonnes à recueillir.

§ II.

De la culture des jardins à Nice, Hières, et sur le littoral oriental de la Méditerranée.

Toute la côte de Toulon à Nice jouit, au moyen des abris que lui procurent les montagnes qui la longent au nord-ouest, d'une température plus douce que Marseille et les autres parties plus méridionales du littoral de la Méditerranée. On voit déjà quelques palmiers et des orangers en pleine terre au jardin botanique de Toulon; et il est remarquable qu'en suivant la côte et s'avançant au nord-est, le climat semble devenir de plus en plus tempéré. A Hières déjà, l'effet des abris paraît bien puissant. Le climat doux se continue jusqu'à Gênes qui inonde la France et une partie de l'Europe d'orangers, de citronniers, d'arbustes des pays méridionaux. Toute cette côte de Toulon à Gênes semble être la patrie de l'olivier, de l'oranger, du citronnier. Le palmier et une foule de plantes africaines s'y naturalisent; la fraise des Alpes y fructifie toute l'année. Tous les mois, on y mange des petits pois, des artichaux, des choux-fleurs. La partie française, de Toulon jusqu'au Var, pourrait devenir le jardin de primeur de la France entière. Au moyen des rapides transports qu'offrent maintenant les voitures, de celui bien plus rapide encore qu'offriront les chemins de fer, pendant tout l'hiver, Lyon et Paris pourraient être alimentés de légumes frais et à bon marché, qu'ils paient au poids de l'or quand ils veulent se les procurer. Dans cette partie de la France, presque toutes les plantes que nous élevons, soignons, multiplions dans nos serres tempérées, dans nos orangeries, pourraient se multiplier en pleine terre et donneraient un bien autre produit que ces jardins d'orangers si vantés. A Nice, dans les mois de décembre et janvier, le plat de petits pois coûte un franc. Ils réussissent dans tous les jardins, et particulièrement sur les coteaux de St-Barthélemy exposés au midi; mais cette culture est rare dans la partie française, et cependant elle y réussirait à peu près aussi bien que dans le comté de Nice. Toutefois nous devons dire que le climat de Nice paraît plus doux que celui d'Hières. En 1820, Hières a vu périr jusqu'à la racine tous ses orangers et oliviers, et Nice a conservé quelques orangers et la plupart de ses oliviers. A tort ou à raison, à Hières surtout, on n'a pas regreffé les orangers qui ont repoussé sur souche; on regarde ces individus sauvageons comme plus rustiques et pouvant mieux résister aux hivers; cependant à Nice, par exemple, le produit en souffre beaucoup. On y recueille un grand nombre d'oranges amères, dont on ne tire d'autre parti que de leur enlever la peau pour la vendre aux parfumeurs, et la chair se jette à la mer; cependant il paraît qu'on pourrait en obtenir une grande masse d'acide citrique. En raison des énormes droits de douane qu'on demande à leur entrée en France, les oranges douces, à Nice, quand on trouve à les vendre, ne valent guère que 4 à 5 fr. le mille, et les citrons un peu plus. Un traité du mois d'août dernier, qui diminue ces droits, va doubler leur valeur.

L'oranger se cultive plus spécialement dans la plaine, dans les lieux où il peut s'arroser, et le citronnier sur les coteaux les mieux abrités parce qu'il craint plus le froid. C'est sur ces mêmes coteaux de Beaulieu, au-dessus de Villefranche, qu'on trouve ces énormes oliviers dont l'un, entre autres, a plus de 7^{m} de tour; ils sont contemporains peut-être de la domination romaine qui a laissé beaucoup de traces dans le pays. L'olivier est un des arbres doués de la plus grande longévité, et nous admettrions volontiers l'opinion de M de Châteaubriand, qui pense que les oliviers qui restent encore à Jérusalem, dans le jardin des Oliviers, pourraient bien être contemporains de la grande époque de la mort de J.-C. L'olivier a de grands rapports avec la vigne. Il produit vieux, il produit jeune, et fructifie à toutes les tailles, depuis celle d'un grand arbre jusqu'à celle d'un arbuste. La partie française cultive peu de citronniers, parce que le climat y est moins doux; en revanche, c'est elle qui renferme les plus beaux jardins d'orangers. On cite entre autres le fameux jardin d'Hières, de 7 hectares; son produit de fermage sous l'empire a été jusqu'à 30 mille francs; il a baissé d'un tiers.

Hières et ses environs, qui devraient être jardins de primeurs, jardins fleuristes, servir de serre tempérée à toute la France, n'a qu'un seul jardinier qui ne possède même point de jardin, et achète dans le pays les graines qu'il revend. On y voit à peine des arbres fruitiers, et cependant ils y réussissent bien, puisqu'ils comptent pour deux mille francs dans le produit actuel du jardin dont nous venons de parler. A Nice, on tire presque tous les fruits du Piémont. Toutefois Antibes exporte en France, et même à Nice, une grande quantité de melons d'hiver; c'est la partie du littoral qui les fournit en plus grande abondance; il en vient quelques-uns jusqu'à Lyon et même à Paris; mais leur qualité est très-inégale, et cependant, pour peu qu'ils fussent soignés, ce serait un produit très-important. Dans les mois de décembre, janvier et février, un bon melon serait grandement apprécié dans toute la France. Du reste, c'est un produit de l'automne, qui, à ce qu'il semble, pourrait réussir dans nos climats. Les essais en ont jusqu'ici médiocrement réussi; toutefois, il est à croire qu'en soignant spécialement cette culture, on arriverait à se défendre des circonstances qui en ont empêché le succès.

Mais ce qu'il y a de bien remarquable, c'est que dans un pays où l'on voit réussir en pleine terre la plupart des plantes africaines, on n'y voit pas un seul camellia; le petit nombre qu'on y en rencontre est conservé dans des serres. Il n'est pas douteux que les camellias, les magnolias, les rhododendrons y réussiraient merveilleusement, et qu'on pourrait sans doute les y cultiver et les y multiplier avec moins de danger du climat qu'à Angers et à Nantes où on les cultive et multiplie en pleine terre.

On trouve aussi en pleine terre le clérodendrum et quelques variétés de géranium; le rosier du Bengale y est en fleur tout l'hiver. On regrette de n'y voir qu'un très-petit nombre de ses variétés et très-peu de nos rosiers perpétuels et remontans; les Bengales Bourbons y formeraient des bosquets toujours fleuris, de la plus grande beauté; on y connaît à peine les rosiers Thés, les rosiers Noisettes; on voit cependant quelques tonnelles recouvertes de rosiers multiflores et de rosiers Banks. Ainsi, dans un pays si favorisé, le jardin fleuriste est à peu près abandonné; il suffit cependant, pour y abriter les plantes des gelées d'un, de deux ou de trois degrés sous zéro, auxquelles se borne le plus souvent le froid des hivers, de les placer sous des auvens au midi et sur des tablettes élevées à quelques pieds de terre.

L'oranger demande des arrosemens assez fréquens pendant l'été. A Nice, quelques sources du coteau, mais surtout des norias, fournissent l'eau dont on a besoin Chaque jardin a sa noria dont l'eau, reçue d'abord dans un grand réservoir en relief sur le sol, est conduite dans toutes les parties du jardin par des canaux établis de même, qui la distribuent au pied des orangers et sur quelques plates-bandes de légumes qui se cultivent en planches bombées comme les prés des Vosges.

L'irrigation est regardée comme la première et essentielle condition de succès de tout jardin; lorsque les sources manquent, la noria y supplée. Un âne, par son travail de quelques heures, amène à la surface toute l'eau dont peut avoir besoin le jardin. Il a, en outre, conduit le matin les légumes à la ville. Il vit, pendant l'été, des débris du jardin, et pendant l'hiver, d'une petite provision de paille et de foin que le jardinier achète ou recueille. Un hectare de terrain et une noria, dit M. Jaubert de Passa, font vivre en Espagne, dans une espèce d'aisance, une famille qui, cependant, paie un loyer considérable. Un jardin qui reçoit l'eau à discrétion donne un produit double peut-être de celui qui ne la reçoit que d'arrosemens pénibles et éloignés. Sans doute on n'a pas toujours la chaux hydraulique de bonne qualité pour construire, comme à Nice, des canaux et des réservoirs en relief; mais si le jardin a un peu de pente, ou si on en pratique d'artificielles, l'eau de la noria peut, sans canal en maçonnerie, se conduire et se distribuer, moyennant la perte de quelques infiltrations, dans toutes les parties du jardin. Si la pente manque, on pourrait en donner par des rigoles en terre revêtues de tuiles creuses en relief sur le terrain; on peut encore conduire l'eau dans chaque partie du jardin, où des tonneaux la reçoivent et la tiennent à la disposition du jardinier. Dans ce dernier cas, on laisse l'eau exposée au soleil pendant quelques heures avant de l'employer.

§ III.

De la culture des jardins dans le bassin de la Loire jusqu'à Nantes.

Mais si le Midi de la France profite mal de son climat tempéré, de son soleil méridional pour la culture de ses jardins, il n'en est pas de même de l'Ouest, dont le climat est en général, par rapport à la latitude, beaucoup plus tempéré qu'à l'Est. On pourrait l'attribuer en partie à ce que l'Est est adossé aux Alpes qui y font sentir plus ou moins la froide température de leurs cimes. L'Ouest, au contraire, est bordé par la mer, dont le voisinage semble régulariser et adoucir le climat. Cependant dans les Alpes mêmes, dans la vallée d'Aix, dans le bassin de Genève, et dans la plupart des petites vallées du Rhône supérieur, le climat est plus tempéré qu'au pied même des Alpes, et on remarque que les tremblemens de terre y sont plus forts et plus fréquens. Nous croyons devoir rappeler ici l'opinion que nous avons émise ailleurs, que la cause de ces tremblemens plus fréquens serait due au plus prochain voisinage du feu central qui les produit. La croûte solide qui sépare la surface du sol du foyer incandescent y serait donc plus mince, et par conséquent la couche de la surface en recevrait une plus grande intensité de chaleur. Ainsi s'expliqueraient d'une manière assez rationnelle la plupart des anomalies de climat qui semblent contraster avec leur latitude.

Nous attribuerions à la même raison la douceur du climat des îles de Jersey et de Guernesey, où se conservent en pleine terre une partie des plantes des climats méridionaux; celle des parties voisines du littoral de la Bretagne, où le laurier et le figuier bravent tous les hivers; et celle enfin de la plus grande partie du bassin de la Loire, qui, depuis Orléans jusqu'à Nantes, jouit d'un climat beaucoup plus doux que celui du Rhône, plus méridional, où les vents du nord sont si rudes et les gelées d'automne et de printemps si fréquentes. Déjà Orléans commence à jouir de cette température égale; aussi la culture des jardins y a pris un bien grand développement. Le terrain, comme en général celui de tout le bassin de la Loire, y est favorable aux semis et aux multiplications de toutes les familles de plantes, mais surtout aux espèces fruitières Les pépinières y sont très-nombreuses; mais la culture des plantes d'agrément, en raison du goût qui semble devenir général en France, s'y est encore beaucoup plus étendue, et les jardins de MM. Transon et Dauvessu sont un des plus grands et des plus beaux foyers de production et de multiplication qui existent en France. En suivant la vallée de la Loire, les jardins sont nombreux, surtout à l'abord des villes; mais on ne trouve cependant, depuis Orléans, de grands établissemens de multiplication et de commerce qu'en arrivant à Angers.

Angers est en quelque sorte la patrie des magnolias et des camellias; toutes leurs variétés y vivent en pleine terre; ils s'y multiplient en très-grand nombre, et c'est de là que les tirent par milliers une partie des jardiniers du reste de la France. Les premières tentatives de culture du camellia en pleine terre ont été faites à Nantes, par M. Favre, maire actuel. Il a mis en pleine terre, il y a vingt-quatre ans, des camellias qui y sont encore, et les hivers $\frac{1837}{1838} \Big| \frac{1839}{1840} \Big|$ ne les ont pas détruits; ils y bravent 13 et 14° Réaumur. Il a dans ce moment 2,000 camellias de semis dont il attend les fleurs, et qui en donneront sans doute un grand nombre de variétés nouvelles et d'un grand intérêt. Petits ou grands, les jardins, à Angers, présentent leurs superbes magnolias qui, avec leurs larges et brillantes feuilles et leurs magnifiques fleurs, donnent un aspect particulier aux quartiers de la ville où les jardins sont le plus nombreux C'est M. Cachet dont la culture de camellias a le plus de réputation. MM. Leroi frères se livrent à toutes les branches de l'horticulture; mais M. André Leroi embrasse avec plus d'étendue encore toutes les parties de son art. Quarante hectares y sont destinés, et présentent surtout d'immenses pépinières d'arbres fruitiers. Dans son jardin d'Angers, des magnolias par milliers et de toute taille s'offrent en massifs aux amateurs. Les camellias s'y multiplient en serres chaudes, par greffes ou boutures étouffées, et en plein air sur des couches d'une grande étendue. On voit chez lui un espalier d'oranger, des cèdres Déodoras, des Araucarias en pleine terre. Dans tous les jardins, les rosiers Banks, Multiflores, Thés, Noisettes, bravent tous les hivers.

M. Leroi s'est surtout occupé des moyens de multiplication; il a modifié la marcotte chinoise d'une manière nouvelle. Il entaille le bois du bourgeon qu'il veut coucher, à un centimètre au-dessus de chaque œil, le soulève en écailles avec un peu de bois jusqu'à deux centimètres au-dessous. Cet œil qui tient encore au pied mère, pousse au printemps et se fait des racines plus facilement que lorsqu'il reste attaché au bourgeon. Il multiplie encore certaines plantes en coupant les bourgeons en petits morceaux pourvus d'un œil. Ces yeux légèrement recouverts de terre, tenus frais et traités en serre sous des cloches à l'étouffée, lui produisent, à la fin de la saison, une plante déjà développée. Il se sert encore des racines comme moyen de multiplication. C'est ainsi qu'il a reproduit en grand nombre le *pawlonia imperialis.*

§. IV.

De la multiplication des variétés de toute espèce par les semis.

A Angers, on pratique des semis sur toutes les espèces de végétaux, et cette mine féconde ne s'exploite pas sans succès. C'est un jardinier du pays dont les semis ont trouvé depuis peu la belle et excellente poire duchesse d'Angoulême. Un autre avait trouvé auparavant le rosier thé Maréchal, dont on a fait le thé Lamarque. Les variétés d'espèces fruitières sont étudiées avec soin. La ville d'Angers a concédé à la Société d'agriculture un jardin où les principales espèces sont classées et étudiées dans leurs diverses qualités. M. Millet, naturaliste distingué et président de la section d'horticulture de la Société d'agriculture, s'en est spécialement chargé. Avec l'aide d'une commission, il dirige leur taille, leur culture, leur récolte, apprécie leur fécondité, leur saveur, dessine lui même les fruits nouveaux qui, plus tard, seront reproduits par la gravure et donne aux amateurs des greffes des meilleures variétés. La collection renferme aussi les variétés principales de raisins pour la table et la fabrication du vin.

M. Millet se propose de publier, sous le nom de *Nouvelle Pomone*, la description et les dessins gravés des fruits nouveaux de bonne qualité. Ses dessins originaux sont d'une perfection rare qu'il est bien à désirer que le graveur puisse reproduire.

M. Millet ne fait pas de semis, quoique convaincu des résultats avantageux qu'il en obtiendrait; mais il faudrait à son jardin plus d'étendue. Il a préféré concentrer ses travaux sur les variétés de fruits, et particulièrement les plus nouvelles et les meilleures. Nous avons reçu de lui, ce printemps, des bourgeons de ses variétés de choix.

Près d'Angers, à Laval, M. Léon Leclerc, fait aussi des semis heureux. Il a trouvé plusieurs variétés intéressantes de poires, et entre autres un nouveau chasselas excellent et très-fécond, provenant de pepins de raisins de Schiras qui lui ont été donnés par M Bosc.

Nous avons retrouvé à Angers M. Vibert, connu depuis

plus de 30 ans pour sa culture spéciale de roses. Obligé de quitter les environs de Paris, à cause des dégâts que lui faisaient les vers de hannetons, il s'est fixé à Angers où la douceur du climat lui permet la culture sans abri et sans artifice de ses roses Thés, Noisettes, Bengales, Myrophyllas, Banks, Multiflores, qui toutes craignent les froids au-dessous de 10 degrés. Il sème tous les ans ses roses par milliers. Cette année, il répand dans le commerce deux variétés nouvelles du plus grand intérêt, dont l'une est une Noisette jaune-foncé de la plus grande beauté, à laquelle il a donné le nom de Chromatella. M. Vibert a aussi porté son étude spéciale sur les semis de vignes des variétés pour la table; il en a déjà trouvé de hâtives qui offrent beaucoup d'intérêt, et en 1843, 400 variétés nouvelles promettaient, à la floraison, leur premier fruit que les temps contraires et les pluies constantes ont fait couler.

Sans doute l'étude et la recherche des variétés les plus intéressantes de raisins, comme fruit à manger, offrent beaucoup d'intérêt; mais cette étude prend une beaucoup plus grande importance quand le fruit doit être employé à la production du vin. M. de Merméty, à Dijon, s'en occupe spécialement, mais il borne son travail à la comparaison des variétés connues, et ne sème pas pour se donner un plus vaste champ Nous avons établi ailleurs, d'une manière précise, que les variétés de végétaux n'avaient qu'une durée définie plus ou moins grande, suivant les espèces et les familles; et que la nature nous offrait la ressource des semis pour les remplacer, les améliorer. Cette idée appliquée aux fruits des différentes espèces, par Van-Mons, a produit des résultats au-delà de toute espérance. Il a doublé particulièrement le nombre des bonnes variétés de poires. Habitant un climat peu favorable à la vigne, ses travaux et ses succès dans cette espèce ont été beaucoup moins étendus, et nous ne connaissons pas ses produits nouveaux. Mais l'existence des variétés cultivées, déjà si nombreuses, qui ne peuvent devoir leur naissance qu'aux semis, la disparition de celles autrefois cultivées, l'affaiblissement de quelques-unes des anciennes qui nous restent, les succès déjà obtenus en Angleterre, en Allemagne, en France, dans les semis de cette importante famille végétale, semblent devoir mettre hors de doute que les semis de vignes peuvent nous ouvrir une carrière pleine d'intérêt et d'importance. Leurs produits nous offriraient une foule de variétés nouvelles, parmi lesquelles nous en trouverions d'assorties aux climats différens, au goût des consommateurs, et dont la culture pourrait produire de bons vins là où ils sont médiocres, et de meilleurs là où ils sont déjà bons.

Le sol et le climat sont sans doute de grande importance pour la qualité des vins, mais la nature du plant y a peut-être encore plus d'influence. Les coteaux de Falerne et de Massique, chantés par Horace pour l'excellence de leurs produits, ne donnent plus que des vins de qualité ordinaire, parce que les plants avec lesquels ils se produisaient ont probablement cessé d'exister. Plus près de nous, les vins de Surène, si appréciés par Henri IV, sont devenus le type des vins communs. La qualité des vins dépend donc essentiellement de l'espèce de plant, et c'est à eux qu'on doit demander l'abondance, la couleur, la durée des vins, et en grande partie la spirituosité et la saveur. Il n'est point de vignobles dont les plants n'aient quelques notables défauts, qu'on pourrait voir disparaître à l'aide des semis. Il y a là une source féconde et générale d'amélioration; sans doute on devra y marcher avec mesure et précaution, et ne remplacer qu'avec connaissance de cause le plant ancien par le plant nouveau. Mais la répugnance naturelle de la plupart des hommes pour admetttre les nouveautés, le temps absolument nécessaire pour remplacer le plant ancien par le plant nouveau, temps pendant lequel l'expérience permettrait de consulter les qualités ou les défauts de la nouvelle création, sont à ce qu'il semble une suffisante garantie.

Il n'est point de fruits dont les variétés semblent pouvoir être aussi nombreuses que celles de la vigne. Alors que Pline ne comptait qu'une quarantaine de variétés de poires, il regardait comme sans nombre celles de la vigne; et depuis ce temps, leur nombre n'a fait que s'accroître. Ce fruit offre beaucoup d'agrément comme nourrissant, très-sain, très-agréable. Le raisin, comme fruit de table, offre partout un produit presque identique. Ainsi partout on trouve au Muscat et au Malvoisie leur saveur fine et exaltée, au Chasselas sa douceur et sa faculté de conservation; mais il n'en serait pas de même de leurs produits secondaires, les vins. Ainsi le Pinot, qui produit les grands vins de Bourgogne, donne bien partout des vins supérieurs en qualité à la plupart des plants du pays; mais ces vins sont loin d'avoir la qualité et la saveur qu'ils reçoivent de l'exposition, du sol et du climat de Bourgogne. On ferait cependant une exception; le produit du Pinot est au moins égal en qualité sur les coteaux de Constance, au cap de Bonne-Espérance. Les plants de l'Hermitage produisent aussi, dans le voisinage, des vins d'une grande analogie et qui se vendent sous ce nom. Ainsi donc, comme nous le disions précédemment, l'espèce du plant a beaucoup d'influence. L'étude des plants et de leurs produits, ainsi que la pratique, à Dijon, de M. Demerméty, offrent donc un grand intérêt. M. Odart, dans son vignoble du Doré, fait aussi de son côté l'étude des différens plants connus. Il doit résulter des travaux de ces hommes dévoués et instruits des résultats avantageux; mais ces honorables viticulteurs restent dans leur spécialité, et ne recherchent point l'étude des nouveaux plants. Cette recherche au moyen des semis est l'objet des soins de M. Vibert. M. Gréa, ancien député, grand propriétaire de vignobles dans le Jura, a déjà recueilli des résultats remarquables. Il a peuplé de ses semis plusieurs œuvrées de vignes. Ce sont les plants fins qu'il sème plus volontiers; nous pensons qu'ils doivent être plus tardifs à fructifier, parce que, en général, les plants fins ne donnent pas sur tout bois. Nous-même aussi avons fait quelques semis, trop tard sans doute, quoique depuis long-temps nous en eussions apprécié la valeur. Propriétaire d'un vignoble qui produit des vins de médiocre qualité, nous semons les plants qui produisent abondamment pour chercher à améliorer la qualité de leur produit. MM. Odart et Demerméty s'occupent de l'étude du connu; les semeurs poursuivent l'inconnu; mais les uns et les autres concourent au même but, l'amélioration de l'important produit des vignobles; seulement nous regretterons que tous aient beaucoup dépassé l'âge de la jeunesse, où l'on a devant soi une longue carrière probable de travail, d'espérance, et quelquefois de résultats et de succès.

Nous ne quitterons pas l'intéressante question des semis sans faire remarquer qu'elle a fait, depuis quelques années, des progrès considérables. Il faut du temps pour obtenir des résultats avec les arbres fruitiers, plus de temps peut-être encore pour les vignes. Aussi le nombre des amateurs qui s'adonnent à des recherches sur ce sujet est-il peu considérable. Après Van-Mons, qui peut être en quelque sorte regardé comme le créateur de la méthode, nous citerons M. Sageret qui, depuis longtemps aussi, recherche et a obtenu des résultats bien remarquables en fruits, en crucifères et en cucurbitacées de diverses variétés. Nous avons précédemment rapporté les succès de M. Léon Leclerc. Nous rappellerons ensuite nos propres semis et ceux de la Société de l'Ain : il en reste un bon beurré et un api très-fécond. Nous ne devons pas oublier non plus les résultats obtenus par M. Perrin, près d'Epinal, dont un seul semis a donné 25 à 30 arbres qui peuplent un verger et produisent des fruits tous plus ou moins remarquables par leur beauté et leur qualité. Nous avons nous-même visité ce verger et la Société des Vosges nous a envoyé de ses fruits.

Mais c'est sur les fleurs que les résultats sont encore bien plus grands

Nous parlerons d'abord des Dahlias qui, il y a 25 ans, ne donnaient que des fleurs simples, de couleurs plus ou moins variées. En continuant successivement les semis, en prenant la graine sur les plus belles variétés, on est arrivé à n'avoir plus que des Dahlias doubles ou semi-doubles. Leurs formes, leurs couleurs se sont variées dans presque toutes les nuances, et nous ne sommes pas loin du moment où on pourra les semer tous les printemps, avec la presque certitude de les avoir tous beaux.

Les roses ont aussi offert des résultats inespérés. Avec

la Rose du Bengale, qui s'est variée en forme, en couleur, nous avons vu naître des variétés qui ressemblent à des espèces; la famille des Noisettes, celle des Roses Thé et des îles Bourbon, dont les semis successifs, tout en menaçant de se confondre, conservent cependant toujours quelque chose de la variété dont ils portent le nom. Nous avons vu naître ensuite les Hybrides du Bengale qui ont perdu, il est vrai, la faculté d'être toujours en fleur, mais qui, par compensation, résistent à tous nos hivers; ils sont surtout remarquables par leur grande vigueur, et peuvent nous offrir d'excellens sujets de greffe pour toutes les variétés de roses. La rose perpétuelle, depuis longtemps connue pour ses fleurs semi-doubles et qui se succèdent toute l'année, croisée peut-être avec le rosier des Quatre-Saisons ou le Portland, a donné naissance à une famille nombreuse du plus haut intérêt, dont les fleurs se succèdent toute l'année, avec toutes les différences de nuance, de forme, de couleur et d'odeur des roses anciennes. Nous avons vu ensuite la Rose mousseuse donner naissance à une famille nombreuse et très-variée qui représente plus ou moins le caractère de leur mère.

D'autre part, les variétés de Camellias s'augmentent tous les ans, et s'améliorent dans leur forme et leur nuance. Les Rhododendrons du Pont et de l'Inde se comptent maintenant par centaines, il en est de même des Azalées.

Les pivoines de Chine, herbacées ou arbustes, produisent chaque année des variétés nouvelles et de plus en plus belles. Semés depuis peu, les Fuchsias, les Verveines, les Phlox, les Calcéolaires ont déjà produit des variétés très-remarquables.

Les Géraniums soignés depuis 25 ans, croissent tous les ans en nombre et en beauté.

La Pensée vivace croisée avec celle de nos jardins, sous les mains d'une jeune Anglaise, a donné des variétés très-remarquables qui croissent tous les jours en nombre; mais, délicates et frêles, elles s'éteignent promptement, dans nos contrées du moins dont le climat est peut être un peu rude pour elles. Cependant elles renaissent belles de leurs graines, et devront à l'avenir se semer comme nos anciennes fleurs annuelles.

Nous ne parlerons pas des Renoncules, des Jacinthes, des Tulipes, des Œillets. Ici les Hollandais et les Flamands sont nos maîtres, et depuis trois siècles ils en ont à l'infini multiplié les variétés par les semis; ces semis, dans toutes les espèces de plantes cultivées, nous offrent le moyen d'améliorer les produits. Répétés dans une même variété, ils arrivent à la reproduire presque identique, comme les Pêches dans différens pays, les Reine-Claudes à Tours, les Abricots à Mont-Gamet, les Prunes à Agen, les Mûriers en Chine, et presque toutes les plantes de la culture générale. Arrivé à ce terme, le progrès ne serait pas encore stationnaire, parce qu'il y a toujours un choix à faire dans ces variété plus ou moins identiques.

Ces variétés sont douées de plus ou moins de durée; peut-être cette durée diminue-t-elle en se perfectionnant. Van-Mons craignait de voir les siennes finir en moins d'un siècle. Nos meilleures poires semblent s'user. Les Beurrés blancs et gris que nous plantons, restent désormais faibles, en comparaison des grands arbres que nous avons vu périr de vieillesse dans le siècle passé. Les Calvilles blanches et les Apis, rongées par le chancre, ne peuvent plus s'élever, quoique nous ayions vu encore de grands arbres en Calville blanche. Déjà même on voit le Bézy-

Chaumontel et le St-Germain, qui ne datent pas de deux siècles, s'affaiblir et diminuer de vigueur.

Les variétés que nous produisent les semis sont des individualités qui ont une durée définie, un commencement, un milieu et une fin. Dans certaines espèces végétales elles sont toutes annuelles et dans d'autres bisannuelles. Celles qui durent plus long-temps prennent le nom de vivaces, mais finissent elles-mêmes après quelques années, quel que soit le mode de leur multiplication, lorsque ces multiplications ont lieu par une fraction de l'individu. La propagation par greffe, bouture, drageons, marcottes, tubercules, griffes peut bien agrandir cette durée, mais elle n'est toujours qu'une propagation par fraction de l'individu primitif; c'est la suite et le prolongement d'un bourgeon du premier individu dans les arbres: ce sont des éclats et des portions d'une même et première plante originaire dans la propagation par tubercules, griffes, oignons. Ce n'est donc en quelque sorte que la transmission successive d'une même individualité qui doit prendre fin comme toutes les individualités matérielles de la création. Le Suprême-Auteur nous a donné le moyen des semis pour remplacer les variétés qui prennent fin, et par là nous avons le moyen de les perfectionner de plus en plus. Remplissons donc ses vues et profitons de ses bienfaits en améliorant par les soins toutes les familles de plantes à notre usage.

Mais, en nous occupant de l'horticulture, nous nous sommes jeté dans le grand domaine de l'agriculture. Ces deux arts se touchent de près, s'aident naturellement et se lient entr'eux de manière à se confondre sur les limites qu'on veut leur donner. Revenons donc à des questions purement horticoles.

§. V.

De la culture des melons et des ananas sur des couches de feuilles.

Une autre branche très-intéressante de l'horticulture, et qui occupe un grand nombre d'amateurs ainsi que d'artistes, est la culture des melons, qui déjà nous a offert à plusieurs reprises des remarques d'un grand intérêt.

Et d'abord nous dirons que la méthode Loisel, dont nous avons précédemment rendu compte, dans une seconde année de son essai, ne nous a pas offert plus de succès que les méthodes ordinaires; nous confirmerons donc l'opinion que nous avons énoncée l'année dernière, que les succès de Loisel ne tiennent pas à la méthode qu'il a décrite.

L'année 1843 a été très-défavorable à la culture des melons. On n'a obtenu de bons produits qu'à la fin d'août ou de septembre. Quelques horticulteurs cependant ont été plus heureux que d'autres. A la fin de mai, où les pluies, quoique abondantes, n'avaient fait aucun mal encore, espérant les voir remplacer bientôt par le beau temps, nous fîmes enlever les cloches qui couvraient les pieds des melons Cet enlèvement a été imprudent; les melons ont moins souffert là où les cloches ont été conservées; et cela a été évidemment dû à ce que les cloches ont donné plus de chaleur à la plante et éloigné de leurs racines principales une partie de l'eau des pluies surabondantes.

Mais la pratique d'un habile jardinier de nos contrées peut nous offrir de très-utiles renseignemens sur l'établissement des couches ; leur usage et la culture des ananas.

Depuis quelques années, on a conseillé à diverses reprises de remplacer le fumier ou la tannée par des couches de mousse ou de feuilles. Les couches de mousse, proposées par M. Lémon, se sont peu répandues et nous ont médiocrement réussi. Quant aux couches de feuilles, avant les faits que nous allons citer, nous n'en connaissions point d'application suivie et étendue. Un jardinier intelligent, chez M. Audras de Béost, à Vonnas, les emploie depuis plusieurs années avec le plus grand succès. Nous avons reçu du propriétaire, dans la seconde quinzaine de mai, un gros melon Cantaloup, *troisième fruit mûri cette année, sur une couche de feuilles, au milieu de la température froide et pluvieuse qui attristait le printemps.* Nous ne pouvons mieux faire connaître la méthode employée qu'en transcrivant les détails donnés par le propriétaire lui-même sur le travail de son jardinier:

« A la fin de décembre, mon jardinier dispose des « couches de feuilles de chêne entremêlées d'un 6me en- « viron de fumier de litière. Vers le 15 janvier, il sème « ses melons sur une petite couche à part et les trans- « plante, un mois après, sur ses couches de feuilles re- « couvertes de 15 à 16 centimètres de terreau.

« Ces couches conservent pendant 6 mois une chaleur « de 20 à 25° Réaumur, sans avoir besoin d'être rema- « niées ni réchauffées par du fumier nouveau. Par cette « raison, les plants n'ont pas à souffrir comme dans la « pratique ordinaire, en passant d'un réchaud à un autre.

« Mon jardinier cultive de la même manière les ha- « ricots et les petits pois. Nous avons mangé des petits « pois 15 jours avant Pâques, et notre récolte de hari-

« cots verts est abondante depuis 5 ou 6 semaines (1).
« La culture de la patate, soit naturelle, soit forcée,
« nous réussit assez bien. La variété appelée Igname
« donne des produits presque aussi abondans que la
« pomme de terre.

« Au moyen de la vapeur d'eau chaude introduite sous
« des couches où des ananas sont plantés en pleine
« terre, mon jardinier obtient une végétation très-vi-
« goureuse. Il a le mérite d'avoir essayé ce procédé
« avant de l'avoir vu décrit dans aucun livre. Son exem-
« ple a été suivi de près à Mâcon et ailleurs, où l'on s'en
« est bien trouvé. Par cette méthode, les ananas sont
« tout-à-fait affranchis des insectes qui trop souvent ar-
« rêtent leur croissance.

« Mon jardinier est plein d'émulation et d'intelligence.
« Il est petit-fils de l'habile jardinier Gaillard, chargé
« dans le temps de la pépinière départementale de l'Ain.
« Il dispose lui-même tous ses appareils; la soudure,
« la menuiserie ne lui sont pas étrangères; il a exécuté,
« sans plan, sans guide, et sans autre aide que des
« manœuvres, une fabrique pour mon jardin, qui ne fe-
« rait pas déshonneur à un architecte.

« Il a appris que les amateurs et les jardiniers de
« Lons-le-Saunier avaient des melons dans les 4 ou 5
« premiers jours de mai. Ces lauriers, qui effacent les
« siens, l'empêchent de dormir, il veut aller sur les
« lieux étudier leur méthode. »

Il nous a semblé que les intéressans détails qui précèdent pouvaient se compléter par de nouveaux déve-

(1) La lettre a été écrite le 24 mai, et les baricots par conséquent mangés en avril.

loppemens; nous les avons demandés à M. de Béost, et nous nous empressons de les faire connaître :

« Les premiers melons que j'ai obtenus cette année « (dit le jardinier qui parle), ont mûri le 25 mai. C'est « depuis 1837 que j'emploie les feuilles pour couches « de primeurs. Celles de chêne, de hêtre, de platane, « sont les meilleures, parce qu'elles sont dures à con- « sommer, et que par suite elles gardent plus long- « temps leur chaleur.

« Je fais ramasser les feuilles aussitôt après leur chute « des arbres, quelquefois un peu plus tard. Je choisis « toujours un moment où elles ne soient pas trop mouil- « lées, et j'ai soin de les réunir en tas coniques pour « que la pluie ne les pénètre pas Je les laisse sur place « jusqu'au moment où je veux m'en servir, parce que « rentrées, elles embarrassent, s'échauffent et perdent « de leur valeur.

« Les petites couches sur lesquelles j'élève mes jeunes « plants de melons sont préparées avec moitié feuilles « et moitié fumier de cheval. Mes melons destinés à la « pleine terre sont élevés sous châssis, et habitués à « l'air libre quelques jours avant de les mettre en place.

« Pour les recevoir, je remplis une tranchée large de « 70 centimètres sur 33 centimètres de profondeur, « d'une couche de feuilles mélangées d'un 6me à peu « près de litière; sur cette couche de 70 centimètres d'é- « paisseur, je mets un petit lit de fumier consommé pour « donner de la nourriture aux plantes. Je couvre le tout « de 18 à 20 centimètres de terre mélangée de terreau; « puis, quand la couche est échauffée, je plante mes « melons. Cette année, au mois de juin, j'ai planté de « nombreux pieds sur la même couche qui avait déjà

« donné des melons de primeurs, et j'ai obtenu en sep-
« tembre de très-bons produits, soit pour la grosseur,
« soit pour la qualité.

« Nous avons vu un des principaux jardiniers de Lons-
« le-Saunier, qui, en nous décrivant sa culture de
« melons, nous a dit qu'il les hâtait en les passant sur
« 3 ou 4 couches successives. Ce sont là des frais et de
« la main-d'œuvre dont nous sommes tout-à-fait dispensé
« par nos couches de feuilles; nous pourrions, avec
« elles, obtenir une chaleur uniforme plus forte, en
« admettant 1/4 de litière au lieu d'un 6me.

« La couche d'ananas est chauffée au moyen d'un ca-
« lorifère à vapeur. Des tuyaux distribuent à volonté la
« vapeur dans la serre; l'un d'eux la conduit sous la
« couche. Cette couche est supportée par des planches
« à claire-voie. Elle se compose d'un lit de broussailles
« où s'insinue la vapeur, d'un lit de mousse, et enfin
« d'un lit de terre de 18 à 20 centimètres d'épaisseur,
« approprié à la culture des ananas plantés en pleine
« terre.

A ces détails de l'homme pratique, M. de Béost ajoute :

« Mon jardinier ne cultive l'ananas que depuis 3 ans,
« et il a déjà obtenu d'assez bons résultats, puisque,
« cette année, environ 140 sont venus à maturité dans
« sa serre. Mais il est résulté de son mode de culture
« que les plants d'ananas se sont mis trop tôt à fruit et
« n'ont pas atteint la grosseur qu'ils doivent avoir. Aussi
« peu de nos produits, cette année, dépassaient 5 à 600
« grammes. Pour remédier à ce défaut, mon jardinier
« a construit, cet automne, devant la serre d'ananas,
« une bache à deux pentes, qu'il ne chauffe que par un
« tuyau de vapeur sortant de la serre, et qu'il introduit

« sous la couche qui consiste en un lit de mousse de 30
« centimètres d'épaisseur, supporté par des branches de
« verne. Dans cette mousse sont placés des pots conte-
« nant des œilletons d'ananas. La vapeur circule par-
« dessous et échauffe les plantes au degré voulu ; mais
« à la surface de la couche, la température est beau-
« coup moins élevée que dans l'ancienne serre échauffée
« par un calorifère qui porte son air chaud et sec dans le
« châssis qui recouvre la couche, en même temps que la
« vapeur les chauffe à l'intérieur.

« Nous espérons, par ce nouveau mode, que les plants
« d'ananas se fortifieront sans se mettre aussitôt à fruit,
« et nous ne les ferons passer dans l'ancienne serre que
« lorsque les tiges auront atteint la grosseur suffisante.
« Nous avons été amené à faire cette construction par
« ce qui se passe à St-Clément, près Mâcon, chez
« Mme de D***. Elle a fait élever une petite serre à
« ananas, qu'elle a voulu chauffer comme la mienne, à
« la vapeur, et pour cela elle amène sous la couche un
« tuyau partant d'une ancienne serre chaude placée à
« une assez grande distance. La bache n'est chauffée par
« aucun autre moyen, et au contraire de ce qui se passe
« chez moi, les plants d'ananas s'y développent avec
« un luxe de végétation étonnant sans pouvoir se mettre
« à fruit. Leurs feuilles ont plus de $1^{m}30$ de hauteur
« sur 15 à 16 centimètres de largeur. J'aurai donc comme
« elle, dans ma bache, des plants d'ananas vigoureux
« et bien développés, que je mettrai fructifier dans la
« serre chaude chauffée dessus et dessous. Je crois qu'on
« doit réussir en combinant les deux moyens. Vous sa-
« vez qu'en Angleterre on obtient des ananas pesant au-
« delà de 5 kilogrammes. »

Nous ne devons pas oublier ici de faire remarquer toute l'importance que présenterait en horticulture l'emploi des couches de feuilles au lieu de litière. Si toutes les espérances données par plusieurs années d'expérience se vérifient, la culture des primeurs se ferait à beaucoup moins de frais; leur prix deviendrait beaucoup plus accessible et leur consommation par conséquent plus étendue. Leur culture demanderait moins de main-d'œuvre, des soins moins assidus, puisque ces couches conserveraient pendant 5 à 6 mois une température qui entretiendrait la végétation pendant tout le cours de la rude saison. Il s'ensuivrait que pendant tout l'hiver, les jardiniers pourraient, à peu de frais, avoir au-dehors des couches pour hâter les asperges, produire des laitues, des petites raves, et la plupart des légumes. Le nombre des producteurs de primeurs se multiplierait donc presque indéfiniment, et leurs produits multipliés cesseraient d'être désormais un luxe uniquement réservé aux tables d'une grande recherche.

Par cette méthode, on utiliserait un produit en plus grande partie perdu, qui devient le jouet des vents, des pluies et du soleil. Le jardinier des villes pourrait se procurer des feuilles à très-peu de frais, en les recueillant dans les promenades, les jardins et les bois qui avoisinent la cité; il pourrait encore au besoin les demander au cultivateur qui les recueille rarement pour litière. Il épargnerait donc en plus grande partie sa dépense de fumier pour cet objet.

Dans la culture ordinaire qu'on veut rendre hâtive, nous avons vu que le jardinier devait transporter ses primeurs de couche en couche. Quand il ne les change pas de place, tout au moins il les entoure de réchauds de litière pour redonner de la chaleur à la couche première qui a jeté son feu. Ici, la couche de décembre fournit encore sa douce température aux mois de mars et d'avril; l'horticulteur consommera donc de moins la plus grande partie de fumier de ses couches, et en outre tout celui qu'il emploie à renouveler tous les mois les couches de melons et de primeurs de toute espèce. Il aurait de moins, il est vrai, une assez grande quantité de terreau, mais qui serait suppléée avec quelque avantage par le terreau de feuilles spécialement recommandé pour la culture des Camellias et des autres plantes à terre de bruyère. L'agriculture conservera donc ces milliers de charges de litière que lui enlèvent les jardins, et les emploiera immédiatement à la production des denrées les plus nécessaires à la vie. Ainsi, nous le répétons, si nos espérances se trouvent réalisées, l'emploi des feuilles en horticulture produirait des résultats heureux à la fois pour le jardinier, pour l'agriculteur, et en résumé pour les consommateurs de tous les rangs, des produits agricoles et horticoles, tant est grande la réaction des faits les plus simples de la culture du sol.

§. VI.

De la Greffe du rosier.

La culture des roses est, sans contredit, l'une des branches les plus agréables de la floriculture; forme, couleur, odeur, facilité de conservation et de multiplication, elles offrent tous les avantages. On les multiplie la plupart de boutures, toutes de marcottes, de drageons, et la greffe les propage avec encore plus d'avantage.

Le rosier se greffe presque exclusivement sur l'églantier sauvage, qui devient rare dans nos bois et s'achète assez chèrement. D'ailleurs, il est dans sa nature de se régénérer de drageons qui sortent de ses racines, en sorte que ses tiges durent à peine une douzaine d'années et laissent périr les variétés de roses qu'elles portent. En raison de cette propriété de se régénérer par les racines, il rejette du pied presque constamment et pousse incessamment le long de sa tige des bourgeons incommodes qui, comme les drageons, épuissent le pied si on les néglige, et déchirent les mains et les habits des amateurs qui les soignent. Enfin, il craint les gros hivers, et il a péri en grand nombre dans celui de 1839-1840.

On pourrait remplacer ce sujet ingrat par un autre de facile multiplication, qui ne craint pas l'hiver, se multiplie de bouture, de marcotte et d'éclat. Plus grand, plus vigoureux que l'églantier, il a surtout plus de longévité ; c'est le rosier Calypso, hybride à ce qu'on croit du Bengale. Des greffes de rosiers de toutes variétés reprennent très bien sur lui. Ce rosier comme sujet donne de la vigueur aux plus faibles variétés ; la perpétuelle Stanwell y prend un grand développement ; les variétés de thé y reçoivent une vigueur comparable à celle des îles Bourbons. Sa reprise de bouture nous semble aussi facile que celle des Roses du Bengale. Un jardinier a fait, au mois de juillet, avec des branches que nous lui avons données, une planche de boutures qui sont presque toutes reprises. Il pousse vigoureusement et promptement. On peut aisément greffer déjà en juin ses bourgeons poussés au printemps. Il se prête merveilleusement à recevoir sur un pied, en buisson, les roses de diverses variétés. Nous ne lui connaissons qu'un défaut qu'il partage du reste avec l'églantier, c'est que si l'on rabat le sujet près de l'écusson, la greffe, même après un grand développement, s'évente et périt. Nous avons dit qu'il ne drageonnait pas; cependant, lorsqu'on veut le contenir, il repousse sur souche ou sur ses vieilles branches, des bourgeons d'une grande vigueur. Il peut bien arriver que, dans la pratique, d'autres défauts se fassent encore connaître; mais, avec tous les avantages que nous venons d'énumérer et qui se révèlent depuis plusieurs années, il est évidemment de beaucoup supérieur à l'églantier.

Il semblerait que le rosier Boursault, la rose sans épines pourpre, qui seraient tous deux aussi hybrides du Bengale, pourraient offrir pour la greffe les mêmes avantages que le rosier Calypso; mais nous ne les avons pas essayés, et nous ignorons s'ils seraient d'une propagation aussi facile que lui.

§. VII.

Hortensias bleus.

On a, dans le courant de l'année dernière, dans le sein de la Société d'horticulture, parlé à plusieurs reprises des hortensias bleus. C'est une modification qu'on peut faire subir à volonté à cette belle plante.

Il y a quelques années, on annonça, comme un moyen sûr d'y arriver, de mêler à la terre de la poussière d'ardoise. Le hasard nous a mis sur la voie d'un autre moyen plus facile encore. Nous avons à la campagne des hortensias très-vigoureux qui s'élèvent à plus d'un mètre et, lorsque la gelée n'y met pas obstacle, se couvrent pendant trois mois au moins de leurs fleurs si belles. Ils sont placés en terrain ordinaire. Pour soutenir leur vigueur et l'augmenter encore, nous avons fait mettre au pied d'une partie d'entre eux de la terre tourbeuse prise dans un défriché des environs. Tous les hortensias qui avaient reçu de cette terre, plus vigoureux encore qu'à l'ordinaire, ont donné des fleurs bleues. Cependant les plus grands ont poussé des fleurs roses au centre de la touffe dont les racines n'ont point eu de cette terre nouvelle. Quelques-uns qui n'en avaient reçu que d'un côté, ont donné de ce côté-là des fleurs bleues, et des fleurs roses sur tout le reste de la plante. Il y a eu pendant plusieurs années des fleurs qui offraient une nuance très-agréable, mêlée de bleu et de rose. Cette faculté s'est affaiblie dans presque tous les pieds, et il faudra leur redonner une nouvelle dose de terre tourbeuse pour rappeler la nuance du bleu vif qui va si bien à côté de la nuance rose.

Toutes les terres tourbeuses n'ont pas cette faculté; nous avons à la ville des hortensias dans une terre de cette nature qui n'ont pas changé de couleur. A quel principe serait due cette métamorphose ?

On pourrait croire que ce serait à une modification particulière de l'argile qui serait la même dans notre terre tourbeuse que dans l'ardoise. Nous croyons que cette terre offrirait dans tous les sols la même propriété. C'est ce que nous vérifierons sur nos hortensias de la ville.

Il y a là un fait qui peut se féconder par l'expérience; et l'analyse chimique qui comparerait la composition de cette argile avec celle de l'ardoise, pourrait mettre sur la voie de cette modification particulière de l'argile qui transforme ainsi la couleur rose de l'hortensia.

On peut se demander si cette modification pourrait se reproduire de la même manière sur les autres fleurs roses. Nous répondrons que des rosiers placés à côté des hortensias et à portée de la terre argileuse, n'ont semblé en recevoir aucune modification. Mais il serait curieux et intéressant de savoir si d'autres fleurs conserveraient aussi leur couleur.

§. VIII.

Marcottes chinoises.

Nous avons continué nos essais sur les marcottes chinoises; la première année elles ont eu plus de succès que la seconde et la troisième. Faites avec plus de soin, ou peut-être aidées par une saison plus favorable, elles ont pu donner généralement plus de plants enracinés. Toutefois, elles ont encore réussi sur les mûriers, les pommiers, les glycines de Chine. Il y a dans cette pratique utile quelques conditions de succès à demander à l'expérience et qui ne nous sont point encore révélées, mais qui le seraient à coup sûr à l'homme patient et soigneux qui interrogerait avec soin la nature. Nous rappellerons que ces marcottes consistent à coucher en terre, à 15 centimètres de profondeur, les bourgeons d'un arbuste ou d'un arbre, ou même l'arbuste ou le petit arbre en entier. Lorsque les yeux poussent et sortent de terre, on remplit à mesure la fosse de terreau.

§. IX.

Nous avons continué à employer avec succès, dans les plantations d'arbres et d'arbustes, le procédé chinois, qui consiste à couvrir les racines de l'arbre qu'on plante d'une boue délayée, composée de terreau, de crottin, ou d'excrémens de bêtes bovines.

C'est ici le lieu d'indiquer un procédé qui nous réussit très-bien chaque année pour les plants des diverses espèces d'arbres, d'arbustes et de plantes de pleine terre que nous recevons. A leur arrivée, nous les plaçons dans un coin de la serre, où nous couvrons leurs racines de terreau. Pendant l'hiver, au moyen de la douce température qui y règne et d'un peu de fraîcheur qu'on entretient dans le terreau, il se fait un travail sur les racines qui poussent de toutes parts de petits dards blancs, rudimens des racines nouvelles qui doivent décider la reprise de la plante et que la rigueur de la saison empêcherait de se produire en pleine terre. Lorsque le printemps est venu, nous faisons notre plantation, en couvrant de terreau ou de la boue liquide dont nous venons de parler les racines de la plante. Par ce moyen, on assure la reprise et la floraison dans l'année de plants qui auraient manqué, ou qui auraient employé toute leur année à se faire des racines pour leur reprise.

www.ingramcontent.com/pod-product-compliance
Lightning Source LLC
LaVergne TN
LVHW050502160826
845677LV00003B/890